Die geognostischen Verhältnisse von Teplitz;

und

über das Vorkommen des Pyrops in Böhmen.

Von

Dr. Reuss,
Brunnenarzt zu Bilin.

(Aus Bd. XI. des Archivs für Mineralogie, Geognosie, Bergbau und Hüttenkunde besonders abgedruckt.)

Mit einer Karte.

Berlin,
gedruckt und verlegt bei G. Reimer.
1838.

Die geognostischen Verhältnisse von Teplitz. *)

Ein Vortrag, gehalten in der Versammlung Deutscher Naturforscher und Aerzte zu Prag 1837.

Von

Herrn Dr. Reuss.

(Brunnenarzt zu Bilin.)

Wiewohl Teplitz als Badeort sich stets eines so reichlichen Zuspruchs aus allen Ländern zusammenströmender Fremden sich erfreut und seit v. Humboldt, Freiesleben und F. A. Reuss, besonders in den letzten Jahren, auch in geognostischer Hinsicht von Naumann, Leonhard, Klipstein, Gumprecht u. A. mehrfach untersucht worden ist, so haben wir bisher doch noch keine vollständige, einen leichteren Ueberblick der zum Theil so mannigfaltigen und lehrreichen geognostischen Verhältnisse darbietende petrographische Karte dieser Gegend aufzuweisen. Die den älteren Werken meines

*) Mit Bezug auf die geognostische Karte von Teplitz.

verstorbenen Vaters beigegebenen Karten sind theils dem jetzigen Standpunkte der Geognosie nicht mehr angemessen, theils auch so eingerichtet, dass sie eine schnelle Uebersicht der einzelnen Gebirgs-Formationen und ihrer Gränzen gegen einander zu geben nicht im Stande sind. Dies hat mich bewogen, die Musse der letztvergangenen Jahre zur Aufnahme einer möglichst genauen geognostischen Karte zu verwenden, welche ich zum leichteren Verständniss mit nachstehenden Bemerkungen begleite.

Das Teplitzer Thal ist eine Fortsetzung des ausgedehnten, zwischen dem basaltischen Mittelgebirge Böhmens und dem nördlichen Gränzgebirge — dem Erzgebirge — gelegenen Thalgrundes, in welchem die Eger und Bila der Elbe zufliessen, nur dass er gerade hier bei Teplitz durch das dortige an die Basaltberge des Mittelgebirges sich anschliessende Porphyrplateau vorzugsweise verengt erscheint. Aber eben dies giebt ihm einen eigenthümlichen Charakter, der anderen Punkten gänzlich mangelt. Darin jedoch stimmt diese Gegend mit dem grössten Theile des Ellbogner, Saazer und Leitmeritzer Kreises überein, dass sich schon beim ersten Anblick, der äusseren Gestaltung nach, drei gesonderte Partien unterscheiden lassen, welche bei näherer Betrachtung sich auch als geognostisch verschiedene Gebirgs-Systeme zu erkennen geben; ich meine das Böhmisch-Sächsische Erzgebirge als nordwestliche, das Mittelgebirge mit seinen unzähligen Kegeln und Stücken als südöstliche Thalgränze und die zwischen beiden gelegene, von tertiären Gebilden überlagerte, bald engere, bald zur weiten Ebene sich ausbreitende Thalfläche. Jeder dieser Abschnitte hat eigenthümliche und interessante Verhältnisse aufzuweisen.

Die Grundmasse des Erzgebirges bildet hier, wie überall, der Gneus, auf den schon die langgezogenen wellenförmigen Contouren der Bergkette hindeuten. Seine

Schichten streichen im Allgemeinen mit der Richtung des Gebirgszuges conform, von West nach Ost, bald nach Norden, bald nach Süden abweichend; fallen meist unter ziemlich bedeutendem Winkel nach einer oder der anderen Richtung hin. Jedoch lassen sich die näheren Verhältnisse, trotz des steilen südlichen Abfalls des Gebirges, nur selten und zwar in den Thälern beobachten; das Uebrige ist durch Waldung und Rasen grösstentheils dem Blicke des Geognosten entzogen. Die Beschaffenheit des Gneuses wechselt sehr; bald ist er sehr grobschiefrig, bald stengelig, bald feinschiefrig, wo er dann vorwiegend Glimmer aufnimmt und stellenweise selbst in Glimmerschiefer übergeht. Hier und da wird er auch granitisch, wie z. B. im Telnitzthale, wo ganze Felsmassen aus einem grobkörnigen Gemenge von rothem und weissem Feldspath, graulich weissem Quarz und braunem hemiprismatischem Glimmer bestehen. Auch liegen daselbst ganze Partien dichten rothen Feldsteins im Gneus, deren schiefrige Struktur nur durch selten dünne Lagen von Glimmer angedeutet wird. — Bei Eisenberg erhält er durch eingestreute grosse Feldspathkrystalle ein porphyrartiges Ansehen. Fremde Einmengungen nimmt er, den häufigen Turmalin ausgenommen, nur selten auf; bei Culm führt er Granaten.

An der Böhmischen Seite des Erzgebirges ist er nur wenig erzführend. Bei Klostergrab und Niklasberg, in der Nachbarschaft des Feldsteinporphyrs, wird er von zahlreichen, 4—15 Zoll mächtigen Quarzgängen durchzogen, welche sich vielfach durchschneiden, und unter einem meist bedeutenden Winkel (von 45—85 Grad) fast alle nach Westen, also in das Gebirge, einfallen. Sie sind wenig edel und enthalten Arsenikkies, Bleiglanz, etwas Rothgültigerz, Sprödglaserz, Flussspath, Kalkspath, Braunspath, Speckstein u. s. w. — Bei Graupen führt er auf schmalen lagerartigen Räumen, welche von vielen steil einfallenden Gängen durchsetzt und vielfach verworfen werden, Zinnstein mit Flussspath, Glimmer, Steinmark, hier und da auch Kupferkies, besonders an den höchsten Punkten bei Mückenthürmel. Früher wurden auch Quarzgänge mit silberhaltigem Bleiglanz daselbst abgebaut, so wie bei Ossegg im Riesengrunde und an anderen Orten.

Bei Culm, Straden und am Strobnitzberge bei Ossegg erheben sich Basaltkuppen aus dem Gneus; im Schönbachthale bei Oberleutensdorf durchbricht ihn dunkelgrüner Phonolith, welcher hier und da mannigfach veränderte, oft halbgeschmolzene, poröse Gneusstücke einschliesst. Im Telnitzthale liegt eine mächtige Masse grobkörnigen, syenitartigen Granits mit zollgrossen röthlich weissen Feldspathkrystallen im Gneus, welche an zwei Punkten vom Basalt durchsetzt wird. Dieser schliesst, nebst vielem Olivin, Bronzit, Feldspath und Hornblende, zahlreiche Granitstücke ein und wird durch ein Conglomerat an einer Stelle vom Granit geschieden. — Aehnliche Granitmassen bemerkt man am Rücken des Gebirges bei Lichtenwald oberhalb Oberleutensdorf, wo ebenfalls eine Basaltkuppe, aber von bedeutenderem Umfang, daraus emporsteigt, und im Rauschengrunde. An letzterem Orte lässt sich ein vollständiger allmäliger Uebergang des Gneuses in den Granit beobachten, indem die schiefrige Struktur einer körnigen Zusammensetzung weicht; jedoch liegen in dem körnigen Gemenge einzelne Partien eines schiefrigen glimmerigen Gesteins mitten inne, die aber wegen des allmäligen Verfliessens in die umgebende Masse nicht für eingeschlossene Gneusfragmente gelten können. — Bei Flöhe ist ein bedeutender Syenitstock, der auch den Wieselstein zusammensetzt, in den Gneus eingelagert. An mehren Punkten wird letzterer auch vom Feldsteinporphyr durchbrochen, wie z. B. im Schönbachthale bei Oberleutensdorf, bei Graupen und

Nollendorf; am mächtigsten endlich oberhalb Eichwald, wo der rothe Porphyr ein grosses Stück des südlichen Abfalles des Erzgebirges bis an den Kamm hinauf zusammensetzt.

Er reicht von Klostergrab und Niklasberg im Westen bis hinter Judendorf bei Graupen östlich, wo er ein Syenitlager aufnimmt. Aehnliche finden sich auch am Fürstenwege oberhalb Eichwald und ausgedehnter bei Zinnwald. Bei Strahl, Kosten und beim Neustädter Jagdhause steigen basaltische Massen, welche meist viel Olivin einschliessen, aus ihm empor. Nur an einem Punkte, oberhalb Niklasberg, lässt sich die Gränze zwischen Gneus und Porphyr unmittelbar warnehmen. Hier liegt der in sehr dünne Tafeln gespaltene, fast schiefrige, grün und roth gefleckte, stellenweise in eine thonige Masse aufgelöste Porphyr auf dem unveränderten Gneus; zwischen beiden bemerkt man jedoch in bedeutender Mächtigkeit ein Conglomerat, welches aus zahllosen, durch Quarz und Feldspathmasse verkitteten Gneustrümern zusammengesetzt ist.

Der Porphyr des Erzgebirges hängt ohne Zweifel mit dem Teplitzer Porphyr zusammen, was schon die völlige Gleichartigkeit der Gesteine, die beinahe gleiche Breitenausdehnung beider Porphyrmassen, die schon ein flüchtiger Blick auf die Karte darthut, und endlich die zwischen beiden, mitten im Braunkohlenterrain, bei Weisskirchlitz bemerkbare kleine Porphyrkuppe — der Louisenfelsen — beweist. Die Kohlengebilde scheinen nur in die muldenförmige Vertiefung, die der Porphyr von Kl. Augesd an bis Kosten, Tischau und Eichwald bildet, eingelagert zu seyn und so die in der Tiefe bestehende Verbindung dem Auge des Beobachters zu entrücken. Der Feldsteinporphyr von Teplitz, welcher westlich über Settenz bis nach Janig, östlich bis hart an den Fuss des Teplitzer Schlossberges sich erstreckt, bildet nicht bedeutende, kahle klippige Rücken mit grossentheils steilen Gehängen. Die ganze Porphyrmasse wird, die West- und Nordwest-Seite ausgenommen, rings vom Kreidemergel umgeben, der an der Gränze bald deutlich horizontal angelagert, bald von den Erhöhungen des Porphyrs schwach abfallend erscheint. Er dürfte früher das ganze kleine Porphyrplateau überlagert haben und erst später durch die Gewalt der Fluthen zerstört und hinweggeführt worden seyn. Als Ueberrest zeigt sich noch ein sehr kleines Depot am östlichen Fusse des Köpfhügels.

Aus derselben Quelle sind die an vielen Punkten bei Teplitz vorfindlichen hornsteinartigen Massen herzuleiten, welche theils auf dem Porphyr aufliegen, theils in seine Klüfte uud Spalten eindringen. Bei Janig nnd bei der Steinmühle, Klein-Augesd gegenüber, treten sie als ziemlich mächtige sandige Ablagerung über dem Porphyr auf, welche durch Aufnahme vieler Quarzkörner und Krystalle und verwitterten Feldspaths, selbst ein porphyrähnliches Ansehen gewinnt, mit Schichten einer grauen, Kohlentheile und Blattabdrücke enthaltenden kieseligen Gesteins wechselt und von einer Porphyrbreccie bedeckt wird, die aus unzähligen, durch Saudstein- oder Hornsteinmasse zusammengekitteten deutlichen Porphyr-Geschieben besteht. Am Köpfhügel, bei Settenz, bei Nieder-Schönau u. s. w. sieht man eine licht- oder dunkelgraue Hornsteinsubstanz, welche auch zahlreiche Porphyrgeschiebe ausfüllt, die Klüfte des Porphyrs ausfüllen, oder als Rinde denselben überdecken. Am deutlichsten ist der Zusammenhang dieser Gesteine mit dem Pläner an der neuen Chaussee nach dem Schlossberge, gleich hinter den letzteren Häusern von Schönau. Hier und da Schichten eines, Porphyrgeschiebe und Porphyrgruss aufnehmenden kieseligen eisenschüssigen Sandsteins mit $\frac{1}{2}$—6 Zoll starken Lagen eines verkieselten, bald lichtgrauen, bald schwarzgrauen Pläners. Beide fallen schwach gegen

Nordost ein und werden von horizontal geschichtetem grauem Pläner von $1\frac{1}{2}$ Fuss Mächtigkeit überdeckt. Alle die genannten Gesteine enthalten die dem Pläner eigenthümlichen Petrefakten, zum Theil sehr gut erhalten, als Plagiostomen, Terebrateln, Eschara, Cidaritenstacheln, Fischzähne u. s. w., ein schlagender Beweis für die Natur derselben, wenn nicht schon der Zusammenhang mit dem Pläner einerseits, mit dem Quadersand von Ossegg und Klostergrab andererseits zur Bestimmung derselben hinreichte. Von wirklichen Hornstein- und Pläner-Einschlüssen in der Substanz des Porphyrs ist nichts zu entdecken. Der Porphyr ist also offenbar älter, als beide Glieder der Grünsandformation, welche nicht durch ersteren durchbrochen, sondern ihm bloss aufgelagert sind.

Er zeigt im Ganzen wenig Abwechslung, wenn man nicht die bald mehr rothen, braunen, bald grauen, selten grünen Farben der Hauptmasse und die wechselnde Menge der eingestreuten Substanzen hierher rechnen will. Am Schönauer Berg sind die Feldspathkrystalle von der bekannten Zwillingsform besonders gross, bis zu einem Zoll und darüber, und oft in eine gelblichweisse thonige Substanz umgewandelt. Ueberhaupt hat an vielen Orten der Porphyr eine bedeutende Umänderung erlitten und stellt einen grauen Thonporphyr dar. Der frische sowohl, als der metamorphosirte, sind auf den Klüften mit Krystallen von weingelbem Schwerspath besetzt. Hornblende und schwarzen Glimmer enthält er nur selten. Eine Trennung der Teplitzer Porphyre in Feldstein- und Syenitporphyr ist ganz unstatthaft. — Bei dem Schlosshause und östlich von der Steinmühle bei Janig ist er von kleinen Basaltmassen durchbrochen, deren Verhältnisse sich aber nicht näher erforschen lassen. Am Kamme des Erzgebirges bei Zinnwald nimmt der Porphyr eine bedeutende ellipsoidische Masse von Granit auf, in welchem der bekannte Zinnwalder Zinnbergbau Statt hat.

Der Seegrunder Bau, wie der Sächsische zu Altenberg, wird dagegen im Porphyr selbst betrieben.

Der südliche Fuss des Erzgebirges verbirgt sich grösstentheils unter den Braunkohlengebilden; nur an drei Punkten in der nächsten Umgebung von Teplitz wird der Gneus vom Quadersandstein überlagert, und dies in geringer Ausdehnung. Diese isolirten Sandstein-Ablagerungen scheinen bloss eine Fortsetzung der grossen nördlichen Böhmisch-Sächsischen Sandsteinmasse zu seyn, welche am Fusse des Erzgebirges gegen Westen sich erstreckt, um sich dort im Saazer Kreise von Kommotau an wieder mehr auszubreiten. Der wahrscheinlich zusammenhangende Streifen wird mehrfach durch aufgelagerte Braunkohlenflötze und die dazu gehörigen Gebilde unterbrochen und dem Blicke entrückt. Daher das engbegränzte inselförmige Auftreten des Quadersandsteins zwischen Ossegg und Oberleutensdorf; das zweitemal zwischen Klostergrab und Strahl und endlich zum drittenmale zwischen Judendorf und Rosenthal. Weiter gegen Osten bei Liesdorf erscheint er zum viertenmale, um sich dann immer mehr und mehr zu verbreiten. Er bildet meist niedrige, selten sehr klippige Hügelreihen, die dem Fusse des Erzgebirges parallel laufen. Er ist bald sehr fest, beinahe kieselig, bald sehr locker und lose, bald feinkörnig, bald conglomeratähnlich, in horizontale starke Bänke getheilt und führt stellenweise viele Petrefakten, besonders Exogyra columba und Reste von Pflanzenstengeln. Bei Ossegg schliesst er Gneusbruchstücke, bei Strahl Porphyrgeschiebe, so wie durch die ganze Masse zertheilten Porphyrgneus ein. Im letzteren Falle ist er ganz identisch mit dem vorerwähnten Sandsteine von Janig.

Eben so fragmentarisch tritt der Kreidemergel, das andere Glied unserer Grünsandformation, auf, nicht nur in der Umgebung von Teplitz, sondern bis an die südliche Gränze des Leitmeritzer Kreises, wo er dann mit der grösseren Plänermasse des Saazer und Rakonitzer Kreises zusammenhängt. Ausser dem schon erwähnten, den Porphyr umgürtenden Plänerdepot von Losch, Hundorf, Settenz, Prassewitz, Schönau und Thurn, erscheinen noch drei kleine Lager am Fusse des Erzgebirges, stets in der Nähe des Quadersandsteins, ohne dass jedoch eine Auflagerung auf denselben unmittelbar sichtbar wäre, und zwar bei Ossegg, Strahl und Mariaschein. Der Pläner tritt meist als Thonmergel, selten als dichter Kalkstein auf, und bildet fast stets horizontale, oder nur wenig geneigte, $\frac{1}{2}$ — 6 Fuss mächtige Schichten, die bei Hundorf, Losch, Strahl u. s. w. mit Lagen eines dunkelgrauen schiefrigen Thonmergels wechseln, der viele Pflanzenreste enthält. Der Pläner selbst ist reich an Thierversteinerungen, besonders den Gattungen Plagiostoma, Terebratula, Inoceramus, Pecten, Venericardia, Trochus, Ammonites, Nautilus, Spatangus, Cidaris, Turbinolia u. s. f. angehörig, so wie an Fischzähnen; bei Mariaschein und Hundorf beherbergt er viele Pflanzenabdrücke, besonders von Fucoiden. Ausser krystallisirtem Kalkspath, Eisenkies und seltener Feuersteinknollen, enthält er keine fremden Beimengungen. Von plutonischen Gesteinen wird er bei Teplitz nicht durchbrochen.

Gleich im Südosten von Teplitz beginnen die Kuppen des Mittelgebirges sich zu erheben, welches hier in seinem — von Südwest nach Nordost gehenden — Laufe sich bedeutend in das Thal vorschiebt und es verengen hilft. Oberhalb Teplitz zieht es sich wieder weiter nach Osten zurück, um der sich ausdehnenden Ebene von Kulm und Karlitz Raum zu geben; bei Kulm endlich schliesst es den Bogen und stösst ganz mit dem Erzgebirge zusammen, um es nun nicht mehr zu verlassen. Es fällt also nur mit einem sehr geringen Theile in das nächste Gebiet von Teplitz. Hierher gehören als isolirte Kuppen:

der Wachholderberg, der Schlossberg mit seinen Begleitern, der Neuhofer und Weschner Berg, der Rücken zwischen Strzisowitz und Schöberitz, und endlich die bei Kulm sich erhebenden Kuppen. Am weitesten vorgeschoben, nicht weit entfernt vom Fusse des Erzgebirges, liegen die Hügel zwischen Thurn, Soborten und Probstau.

Dichter dunkelgrauer Phonolith mit glasigem Feldspath setzt den Schlossberg, den Kirschberg und den östlichen Theil des Wachholderberges zusammen; am ersten Punkte nimmt er noch Strahlzeolith auf, am letzten ist er zum Theil in eine grauweisse porcellanerdige Masse aufgelöst, in der die Krystalle des glasigen Feldspathes noch unversehrt liegen. Am Weinberg bei Krzemusch steht lichtgrauer trachytähnlicher Phonolith, mit Hornblende und gelbem Sphen in regelmässigen vierseitigen Säulen an.

Die übrigen Berge bestehen alle aus dunkelgrauem, meist tafelförmig abgesondertem Basalt mit Augit, Olivin und Hornblende. Bei Welboth und Hertina schliesst er muscheligen Augit und Titaneisen ein; am Schlechberge bei Hostemitz füllt theils fasriger, theils krystallisirter weingelber Arragon die Zwischenräume aus. Am Weschner Berge, wo er schöne Drusen von Natrolith aufzuweisen hat, und an der Ostseite des Strzisowitzer Berges geht er von der einen Seite allmälig in Phonolith über, indem er sehr feinkörnig wird, sich in Tafeln sondert und Feldspathkrystalle aufnimmt; von der anderen Seite durch Sichtbarwerden der Gemengtheile in Dolerit. Auf dem letztgenannten Berge wird der Basalt von einem ausgezeichneten Conglomerat begleitet, welches in grauer oder brauner thoniger Hauptmasse mannigfaltige, zum Theil sehr poröse Basalt-Abänderungen, Trachytstücke, Reste von buntem Mergel, verkieseltes Holz u. s. w. einschliesst und auf rothem Thon ruht. In einer Schlucht oberhalb Stracka liegt unter dem Tafelbasalt ein graubrauner Mandelstein, welcher ein Conglomerat aus kleinen Basaltfragmenten und buntem Thon zur Unterlage hat. Bei Raudnig ist eine, mehre Klafter mächtige Masse von buntem Thon in Basalt eingeschlossen. Am Sandberge bei Knibitschen sind dünne Lagen basaltischer Gesteine zwischen die Kohlenschichten eingedrungen. Andere bedeutende Veränderungen der Braunkohlengebilde lassen sich nicht warnehmen, obwohl fast alle grössere Basaltmassen in der Umgebung von Teplitz aus denselben emporgestiegen sind. —

Zu den eben beschriebenen plutonischen Gesteinen gehört auch der bekannte Keratitporphyr von Wisterschann, welcher einen mässig hohen Hügel bei Neuhof bildet. Er unterscheidet sich ganz und gar nicht von vielen Phonolithporphyren unserer Umgegend, welche allmälig in ihn übergehen, wofür auch schon das isolirte Vorkommen mitten in unserem Basaltgebirge spricht.

Das Thal zwischen dem Erz- und Mittelgebirge füllt die so weit verbreitete Braunkohlen-Ablagerung aus, welche aus dem Saazer Kreise sich herüberzieht und bei Teplitz durch den hervortretenden Feldsteinporphyr und die grobe Kreide, so wie durch die sich mehr vordrängenden Basaltberge sehr eingeschränkt wird, so dass sie kaum die Breite einer Stunde hat. Hinter Thurn aber dehnt sie sich gleich wieder aus, indem sie das zwischen den Teplitzer, Kulmer und Türmitzer Bergen gelegene Becken erfüllt. Von Kulm endlich erstreckt sie sich in dem kaum eine halbe Stunde breiten Thale bis an die Stadt Aussig, wo sie endet. Sie ist durch die basaltischen Kuppen und Rücken des Mittelgebirges vielfach zerstückt, daher die isolirten Partieen, welche die Seitenthäler hier und da ausfüllen und mitunter zu bedeutenden Höhen emporsteigen, z. B. bei Schallen. Ihre Schichten sind schwach geneigt nach der Richtung der Bergabhänge, auf welchen sie aufgelagert sind. Bei Klein-

Augesd z. B. senken die Kohlen sich nordwärts gegen das Erzgebirge, also dem Abhange des Teplitzer Porphyrplateaus entsprechend. Bedeutende Verrückungen der Schichten durch plutonische Gebilde sind in der nächsten Umgebung von Teplitz nicht warzunehmen, wohl aber bei Bilin, Aussig u. a. O. Das Dach der Braunkohle bildet im Allgemeinen grauer Thon, der zuweilen plastisch, oft schiefrig ist; in der Nähe der Kohlenflötze, deren Hangendes und Liegendes er gewöhnlich ausmacht, wird er von beigemengtem Bitumen schwarz gefärbt. Er enthält häufige Blattabdrücke, versteinerte Hölzer von Coniferen, sehr selten Süsswassermuscheln. Die Braunkohle selbst zeigt hier und da noch sehr deutliche Spuren der Holztextur, ja bei Aussig bestehen ganze Flötze fast aus reinem bituminösem Holze. Adern von Pechkohle durchsetzen sie mitunter; oft geht sie in Erdkohle über. Pflanzen, Früchte und andere organische Reste fehlen ihr ganz. Auch hat sie, ausser häufigem Eisenkies und hin und wieder etwas Gelbeisenerz, keine fremden Beimengungen. Sie ist oft von bedeutender Mächtigkeit, ja einzelne Flötze erreichen die Stärke von 10 Klaftern. — Das Liegende bildet wohl gewöhnlich die Grünsandformation, wie es die an einigen Punkten sichtbare Auflagerung ausser Zweifel setzt. So durchfährt der tiefe Stollen bei Klostergrab zuerst die Braunkohlengebilde, dann den Quadersand und gelangt zuletzt in den Gneus. Bei Hochpetseh, unweit Bilin, liegt der hier sehr mächtige Braunkohlensandstein deutlich auf dem Pläner. Noch öfter lässt sich dieses Verhältniss der Ueberlagerung im Saazer Kreise warnehmen, wo tiefe Einrisse oftmals das Braunkohlengebilde bis auf den unterliegenden Grünsand durchschneiden. Es wird daher durch diese Beobachtungen die Meinung, dass die Braunkohle älter sey als Grünsand und Pläner, völlig widerlegt.

Merkwürdig sind die in der Umgegend von Teplitz vorzugsweise häufigen Erdbrände, welche zuweilen eine bedeutende Ausdehnung haben. So reicht z. B. ein Erdbrand von der Lipponai über Zwetnitz, Wisterschann, Auperschin, Eichwald bis nach Zosemitz, Malhostitz, Tschichlitz und Suchei; der andere umfasst die Gegend von Sobrusan, Schellenken, Wschechlaw, Straka und Krzemusch. Die gewöhnlichen Produkte sind gebrannter Thon und Sand, dichte und stengelige Thoneisensteine, Schlakken und Porcellanjaspisse von allen Farben; nur bei Sobrusan finden sich grosse Massen geschmolzenen Porphyrs, was die hier und da noch unversehrten oder halbverglasten Stücke von Thonporphyr beweisen. Merkwürdig ist, dass alle Erdbrände sich an der Gränze des Braunkohlenterrains in der Nachbarschaft der Basalte befinden, ja oft ganz von ihnen umschlossen werden, keiner dagegen in der Kulmer und Duxer Ebene. Sollte demnach nicht die Emporhebung der Basalte einen grossen Antheil an der Entstehung dieser Erdbrände und ihrer Produkte gewonnen haben, da es zudem nicht leicht einzusehen ist, wie ein einfacher Brand, wie er in unseren Kohlengruben Statt hat, so ausgedehnte und bedeutende Wirkungen hervorbringen konnte? Die weitere Ausführung und Begründung dieser Vermuthung bleibt einer umfassenderen Arbeit über das Böhmische Mittelgebirge vorbehalten.

Eine nicht minder auffallende Erscheinung bieten die in unserem Mittelgebirge so häufigen regellos herumliegenden Quarzsandsteinblöcke dar, welche allem Anscheine nach die festen Ueberreste einer zerstörten, der Braunkohle angehörigen Sandstein-Ablagerung sind, weshalb sie auch so treue Begleiter unserer Kohle sind. Anstehend finden sie sich nie, sondern stets auf der Oberfläche und in der Dammerde und dem Gerölle zerstreut. Spuren feuriger Einwirkung, wie sie ihnen manchmal zugeschrieben werden, fehlen gänzlich.

Alle die nun in ihren Umrissen beschriebenen Gebilde, vom Gneus an bis zur tertiären Braunkohle, werden an sehr vielen Punkten von jüngeren Diluvial- und Alluvial-Gebilden überlagert und verdeckt. Hierher gehören Thon, Sand, Gerölle mit den mannigfaltigsten Geschieben, die sich jedoch auf Gebirgsarten der Umgegend beschränken, und endlich Letten, der oft kalkhaltig ist und viele Concretionen von Kalkmergel, seltener Strahlgyps, einschliesst. Einmal fanden sich beim Grundgraben eines Hauses in Teplitz fossile Knochen eines grossen Vierfüssers; häufiger sind versteinerte Dicotyledonenhölzer.

Alle diese Gebilde liegen meist an den Abhängen der Berge, in Thalausschnitten und Biegungen, welche der Ablagerung der vom Wasser fortgeführten Geschiebe günstig waren. Besonders wird der Fuss fast aller Basaltberge von Lehm verdeckt. Seltener steigen sie auf bedeutendere Höhen und sind dann meist älteren Ursprungs, was schon der Mangel der Basaltgeschiebe in ihnen beweist. Am verbreitetsten sind Geschiebe von Gneus, Granit, Porphyr, Syenit und Braunkohlensandstein, sodann Basalt und Phonolith.

Ueber das Vorkommen des Pyrops in Böhmen.

Ein Vortrag, gehalten in der Versammlung Deutscher Naturforscher und Aerzte in Prag 1837.

Von

Herrn Dr. Reuss.

Es dürfte vielleicht überflüssig erscheinen, einen schon so oft besprochenen Gegenstand, wie das Vorkommen des Pyrops in Böhmen, neuerdings in Anregung zu bringen; doch wird mich die Bemerkung rechtfertigen, dass der Granaten-Bergbau zu Meronitz nicht nur seit einigen Jahren wieder aufgenommen, sondern selbst in einer bedeutenderen Tiefe, als ehedem, betrieben wird und grössere Aufschlüsse über die geognostischen Verhältnisse gewährt, als bisher erlangt waren.

Obwohl alle Pyrop führenden Lager Böhmens darin übereinstimmen, dass sie keine ursprünglichen, sondern secundären, aus der Zertrümmerung älterer Formationen hervorgegangenen Bildungen sind, so unterscheiden sie sich doch in Bezug auf ihre näheren Verhältnisse bedeutend. Am interessantesten dürfte wohl das Meronitzer Lager seyn, um so mehr, da es durch einen ziemlich tiefen regelmässigen Bau aufgeschlossen ist.

Das Granaten-Lager liegt südlich von Meronitz in einer von den Wranik und den Koseler Bergen eingeschlossenen, gegen Liebshausen hinab sich öffnenden muldenförmigen Vertiefung, in deren Mitte, etwas näher dem südöstlichen Rande, sich ein niedriger länglicher Hügel — der Stiefelberg — erhebt. An seinem nordwestlichen Fusse befinden sich die jetzt im Betriebe stehenden Gruben, welche bisher zu einer Tiefe von 25 Klaftern vorgedrungen sind. Die den kleinen Busen umgränzenden Berge: der Wranik, der Horzenzer Berg, der Zwinkenbusch, der Radischken, der kahle Berg u. s. w., bestehen alle aus Basalt, welcher bald Glimmer, bald Hornblende oder Augit, bald Olivin, bald Arragon oder Kalkspath, bald mehre dieser Gemengtheile zugleich führt.

Was die das Lager zusammensetzenden Gebilde betrifft, so lassen sich im Allgemeinen drei Schichten oder vielmehr Lagen unterscheiden, die aber sehr unregelmässig vertheilt und durch keine bestimmten Gränzen von einander geschieden sind. Auch wechseln sie hier und da mehrmals. Die oberste constanteste Schicht, unmittelbar unter der Dammerde, bildet gelber Letten und graulicher Thon, deren ersterer zahlreiche Stücke eisenschüssigen Sandsteins umschliesst. Sie dehnt sich auch über die Gränzen des Granatenlagers aus und bildet die Decke des ganzen Thalgehänges bis gegen Liebshausen, wo dann der Kreidemergel zu Tage erscheint. Ihre Mächtigkeit wechselt von $1\frac{1}{2}$ bis zu mehren Ellen. Zunächst folgt eine verschiedentlich starke Lage eines kalkigen Gesteins von höchst mannigfacher Beschaffenheit, das meist grosse unförmliche Massen bildet, die durch grauen Thon verbunden sind. In den obersten Teufen erscheint es als rauchgrauer, selten gelbgrauer oder gelblichbrauner feinkörniger Kalkstein, der bei einer specifischen Schwere von 2,823 einen Gehalt von 25,38 Procent kohlensaurer Bittererde hat und sich demnach als Dolomit charakterisirt. Im Innern ist er vielfach zerborsten; die Sprünge sind mit einer Rinde von kleinen Bitterspath-Rhomboedern überzogen, seltener mit Gypskrystallen besetzt. Zuweilen zeigt sich eine Annäherung zur schaligen Struktur, wo dann der Kern grau, die Schalen braun sind. In diesem Falle ist auch der Eisengehalt bedeutender; ja zuweilen nimmt er so zu, dass das Gestein einem dichten Sphärosiderit nahe steht. Mitunter sind die Körner lockerer verbunden und grösser, wodurch das Ganze sandsteinartig wird. Dann sind auch undeutliche Spuren von Bivalven eingestreut, welche den übrigen Abänderungen völlig mangeln. Sehr selten finden sich darin einzelne Splitter von Pyrop und Hyacinth.

Je weiter man in die Tiefe eindringt, desto mehr nimmt der Thongehalt zu, bei abnehmendem specifischem Gewicht (2,702), Endlich verwandelt sich der beschriebene Dolomit in einen aschgrauen, ganz dichten kalkhaltigen Thonmergel von ebenem oder flachmuschligem Bruche, der an der Luft in zahlreiche eckige Bruchstücke zerfällt und sich endlich zu grauem Thon auflöst. Unter diesem Kalkmergel und von ihm nicht geschieden, ruht nun das, den Pyrop beherbergende Lager. Es streicht von NO. gegen SW. und fällt hor. 10. gegen SO, unter einem Winkel von fast 30° unter den Stiefelberg ein. Seine Mächtigkeit lässt sich nicht bestimmen, da es noch auf keinem der Schächte mit 25 Klaftern durchsunken ist. Gegen SO. zunächst dem Stiefelberg scheinen selbst zwei Flötze über einander zu liegen; wenigstens durchsank man bei Abteufung des Wasserschachtes folgende Schichten:

Letten . . . . 3 Fuss,
Kalkmergel . . . 2 Klafter,

Granatenflötz . . . . . . 1 Fuss.
Letten und Mergel 12 Klafter,
Kalkmergel . . 3 «
wo man wieder auf das Granatenlager stiess.

Die den Pyrop umschliessende Gebirgsart besteht aus einem Conglomerat, in welchem Stücke eines bald mehr kalkigen, bald mehr thonigen Mergels von meist grauer, selten weisslicher Farbe, oder auch fast reinen Thones, durch ein graulichweisses thonig-kalkiges Cement verbunden sind. Die Mergelstücke wechseln von der Grösse eines Hanfkorns bis zum Durchmesser einer Elle und darüber; die Farbe durchläuft alle Nuancen vom Lichtgrauen bis zum Schwarzgrauen. Das ganze Gestein ist, die inneliegenden festeren Stücke des Mergels und Dolomits abgerechnet, feucht und so weich, dass es sich leicht zerreiben und zum Behuf der Pyropengewinnung im Wasser zerrühren lässt.

Ausser den erwähnten Hauptbestandtheilen schliesst das Conglomerat aber noch vielerlei andere Mineral-Substanzen ohne alle Ordnung ein, wodurch es mitunter ein recht buntes Ansehen erhält. Diese sind:

1. Ein graues, gelbliches oder grünliches Mergelgestein mit vielen inneliegenden Pyropen, aus welchem sich ein vollständiger Uebergang in eine zwischen Halbopal und Pechstein mitten inne stehende Substanz beobachten lässt. Diese zeigt bei völliger Undurchsichtigkeit alle Abstufungen vom Blassgrünen und Graugrünen bis ins Schwarzgrüne; selten nur ist sie braun oder gelblich. Der Bruch zieht sich aus dem Unebenen bis ins Flachmuschlige; der Glanz vom Matten, Erdigen, bis zum unvollkommenen Glas- und Fettglanz. Sie hat ein specifisches Gewicht von 2,053 bis 2,2, lässt geglüht viel Wasser entweichen und brennt sich vor dem Löthrohre weiss, ohne zu schmelzen. Sie bildet Stücke von der Grösse einer Nuss bis zu der eines Kopfes und darüber, welche

stets von einer 2 bis 6 Linien starken Lage einer gelbgrauen weichen erdigen Masse umkleidet sind, welche aber keinesweges das Produkt der Verwitterung zu seyn scheint, da sie sich schon in der Grube vorfindet. Der im Halbopal enthaltene Pyrop ist zum Theil sehr zersplittert und durch weisse Kalkmasse wieder zusammengekittet; jedoch finden sich auch zahlreiche wohlerhaltene Körner darin. Die den Pyrop zunächst umgebende Partie ist bei den dunkelgrünen Varietäten stets blassapfelgrün, selbst weisslich gefärbt, der Pyrop selbst von einer dünnen Schale von kohlensaurem Kalk umschlossen. Hier und da finden sich auch rundliche Knollen strahligen grauweissen Talkes in dem Mergel und Halbopal.

2. Ein verwitterter oder vielmehr veränderter Serpertin, matt im Bruche, schmutzig olivengrün, leicht zu zerbröckeln, mit vielem Pyrop und strahligem Talk.

3. Talk von weisser, gelber oder grünlicher Farbe, nicht selten gefleckt, bald von blättrig strahligem Gefüge, bald schuppig oder gar erdig; im ersteren Falle von ausgezeichnetem Perlmutterglanz, in nierenförmigen oder rundlichen Stücken bis zur Kopfgrösse und darüber.

4. Oelgrüner Speckstein mit Säulen von tombackbraunem Glimmer.

5. Silberweisser, grünlicher oder brauner Glimmer, nesterweise mit Porcellanerde und Talk vorkommend. In einzelnen Blättchen, seltener in kleinen Säulen, ist er durch das ganze Conglomerat zerstreut.

6. Grauweisser oder gelblicher Feldspath mit schwarzbraunem Glimmer und rauchgrauem Quarz verwachsen, in apfel- oder faustgrossen Stücken.

7. Weisse oder grünliche Porcellanerde, selbst in kopfgrossen Stücken, mit eingewachsenem Glimmer, — wohl das Verwitterungsprodukt von Granit oder Gneus.

8. Stücke eines quarzigen sehr glimmerarmen, dem Weissstein sich nähernden, grauweissen oder röthlichen

Gneuses, welche nicht nach Art der Geschiebe abgerundet sind und zahlreiche kleine blassrothe Granatkörner bergen.

9. Sehr matte kleine Dodekaeder von braunem Granat, theils lose, theils mit noch anhängenden Theilen eines graulichgrünen Glimmerschiefers.

19. Syenit von lichtblauer Farbe in kleinen losen krystallinischen Partikeln, oder dieselben mit Granat in Weissstein eingewachsen.

11. Kalkspath mit noch deutlichem rhomboedrischem Blätterdurchgange, aber so weich, dass er sich mit den Fingern zerbröckeln lässt. Seltener sitzt er in kleinen stumpfen Rhomboedern auf Halbopal auf oder füllt in unscheinbaren Drusen und traubigen Gestalten die Spalten dieses Gesteins aus.

12. Farbloser oder graulicher Gyps in Krystallen oder krystallinischen Massen fand sich früher häufiger, mit Pyrop gemengt; jetzt selten, am meisten noch in dem das Granatenlager bedeckenden Dolomit, dessen Spalten und Risse er bekleidet.

13. Sehr selten fasriger Arragon in kleinen Platten.

14. Farbloser oder milchweisser Quarz in rundlichen oder ovalen Geschieben.

15. Farbloser oder bläulicher Chalcedon, theils in Schnürchen den Halbopal durchsetzend, theils in tropfsteinartigen und traubigen Gestalten die Höhlungen überziehend.

16. Selten weisser oder wasserklarer Hyalith in kleinen traubigen Formen oder als dünner Ueberzug des Halbopals.

17. Prismatischer Eisenkies (Speerkies) sehr häufig in kleinen kugeligen, nierenförmigen, traubigen Stückchen, an der Oberfläche weiss mit sehr kleinen Krystallen besetzt, im Innern einen strahligen Bau verrathend. Oft enthält er Pyrop eingeschlossen oder tritt als Cement

einzelner Pyropstückchen auf; auch bildet er die Versteinerungsmasse mehrer Species von ein- und zweischaligen Conchylien und Zoophyten, welche aber meist undeutlich, zusammengedrückt, zerbrochen und somit grossentheils schwer bestimmbar sind.

18. Kleine Geschiebe von dichtem holzbraunem Brauneisenstein.

19. Sammtschwarzer undurchsichtiger Turmalin in eckigen und scharfkantigen Bruchstücken, seltener in Krystallen, selbst mit Endflächen.

20. Hyacinthrother durchsichtiger Zirkon in Körnern oder Krystallen mit weiss abgerundeten Kanten. Auch finden sich grössere Partien, welche aus kleinen zusammengebackenen Zirkonkörnern und braunen Glimmerblättchen bestehen.

21. Der Pyrop in grösseren oder kleineren Körnern mit unebener nicht abgeschliffener Oberfläche, oder auch scharfkantig mit muschligem Bruche, wie eben abgeschlagene Scherben, — ohne alle Spur von Krystallisation, von dunkelblutrother Farbe und vollkommener Durchsichtigkeit. Sehr oft erscheint er aber auch in viel grösseren länglichen oder rundlichen Körnern, welche mitunter eine deutlich blättrige oder concentrisch schalige Zusammensetzung zeigen. Sie bestehen aus kleinen scharfkantigen lichtrothen Pyropscherben, welche durch ein weisses Kalkcement zusammengeleimt sind und in der Mitte nicht selten ein grösseres Pyropkorn bergen. Jedoch haben auch die zuerst erwähnten Pyrope oft einen dünnen Ueberzug von kohlensaurem Kalk. Sie sind theils in dem thonigen Conglomerat, theils im Halbopal, Serpentin, Gyps und Schwefelkies eingewachsen.

22. Versteinertes Holz von Dicotyledonen in grösseren und kleineren Partien, mit Astknoten, theils mit brauner Kieselmasse imprägnirt, theils mit deutlich erkennbarer Holzstruktur; bräunlichschwarz, leicht zerbrech-

lich, schneidbar, ähnlich gebeiztem oder schwach gebranntem Holze.

Aus der nun vorangeschickten detaillirten Beschreibung des Vorkommens der Pyrope und der sie begleitenden Mineralkörper geht deutlich hervor, dass dieses Lager eine der räthselhaftesten Bildungen unseres Vaterlandes, eine wahre Trümerbildung sey, im Verlaufe der tertiären Periode hervorgegangen und zusammengesetzt aus den mannigfach veränderten Resten älterer Formationen, die und nur durch die in dem Meronitzer Kessel zusammengehäuften Trümer von ihrer früheren Existenz überzeugen. Zur Erklärung des Wie? scheint die nahe Beziehung, in der die Pyropenlager zu den basaltischen Gebilden stehen, einen Schlüssel zu bieten. Denn sie liegen in einer rings von Basaltbergen umgeschlossenen muldenförmigen Vertiefung, ohne dass jedoch Basalttrümer in dem Meronitzer Lager gefunden würden. Es drängt sich daher sogleich die Vermuthung auf, dass die Emporhebung dieser Basalte sehr viel zur Bildung unserer neuen Formation beigetragen habe, indem dadurch Stücke tieferer Schichten losgerissen, in die Höhe gehoben, durch die hohe Temperatur, sich entwickelnde Dämpfe, und andere hierbei thätige Agentien auf vielfache Weise verändert, unkenntlich gemacht oder selbst umgebildet wurden.

Die so metamorphisirten und manche andere fremdartige Substanzen, scheint sodann das Wasser in diesem Meronitzer Kessel zusammengeführt und somit wieder zur Bildung mancher anderen Stoffe Gelegenheit gegeben zu haben. Dazu kommen noch viele ganz neue Bildungen, z. B. der Gyps, Schwefelkies u. s. w., welche alle zusammengenommen den richtigen Ueberblick einer ohnehin schon so mannigfaltigen Formation noch mehr verwickeln und erschweren.

Für die angegebene Art der Trümerbildung sprechen manche nicht unwichtige Gründe:

1. Das Lagergestein ist ein wahres Conglomerat, in welchem Stücke von Dolomit, Kalkmergel, Thon, Kalkspath, Glimmer, Gneus u. s. w., ferner Pyrop, Hyacinth, Turmalin u. a. m. durch ein thonig-kalkiges Cement ohne alle Ordnung und Regelmässigkeit verbunden erscheinen. Diese Trümer haben keine durch langes Fortrollen und Fortführen im Wasser abgestossene oder abgerundete Oberfläche, sondern sind eckig, und scheinen daher, wenn auch das Wasser bei ihrer Zusammenführung thätig war, doch von dem Orte der ursprünglichen Lagerung und Zertrümmerung nur wenig entfernt worden zu seyn. Selbst die Pyrope und Hyacinthe sind keine Geschiebe, sondern scharfe eckige Bruchstücke oder wahre Körner mit deutlich gekörnter Oberfläche.

2. Es ist nicht die geringste Spur von Schichtung vorhanden, sondern das ganze Lager gleicht einer chaotischen, durch irgend eine gewaltsame Erdrevolution zusammengehäuften Masse.

3. Die zahlreichen unregelmässigen Risse, welche die Blöcke des Magnesiakalks nach allen Richtungen durchziehen und mit Krystallen von Kalk- und Bitterspath besetzt sind, lassen eine Einwirkung höherer Temperatur vermuthen, mögen sie nun durch Zerbersten als unmittelbare Folge derselben oder erst durch Zusammenziehen der einzelnen Theile beim schnelleren Erkalten entstanden seyn. Für letzteres spricht besonders das Auftreten der Sprünge in den obersten Teufen. Auch die hier und da bemerkbare säulenförmige Absonderung des Kalkmergels dürfte vielleicht hierher zu rechnen seyn.

4. Viele der erwähnten Kalksteine stimmen in ihrer chemischen Zusammensetzung ganz mit manchen Dolomiten überein, nur dass ihnen das dem letzteren Gestein

eigenthümliche körnige Gefüge fehlt. Unter allen Erklärungsweisen für die Entstehung dieses Dolomits dürfte Leopold v. Buch's sinnreiche Hypothese die wahrscheinlichste seyn. Denn bei genauer Prüfung aller Umstände scheint die Voraussetzung sehr annehmbar, dass die bei Emporhebung der Trappgesteine losgerissenen und mit in die Höhe gehobenen Massen von Kalkstein, durch einen eigenthümlichen Sublimations-Prozess mit Talkerde angeschwängert und auf diese Art der einfache Kalkstein in Dolomit umgewandelt worden sey. Zugleich scheint, besonders in den oberen Teufen, eine reichliche Ausscheidung von Eisenoxyd Statt gefunden zu haben.

5. Alle übrigen in dem Conglomerat eingebetteten Gesteine haben mehr oder weniger eine gewisse Veränderung erlitten; der Kalkspath ist mit Beibehaltung seiner Theilbarkeit ganz erweicht; die Porcellanerde scheint der Metamorphose von Gneus oder Granit ihre Entstehung zu verdanken; die vorfindigen Serpentinstücke sind gleichsam verwittert; selbst die grünen Opale dürften vielleicht nichts als umgewandelter, seiner Talkerde beraubter Serpentin seyn, abgesehen davon, dass sie mit einer mehre Linien starken erdigen Rinde überzogen sind. Auch die Pyrope sind zum grossen Theil in scharfkantige Splitter zersprengt, welche erst später wieder durch Kalkmasse zusammengekittet wurden.

6. Das häufige Vorkommen nierenförmiger und schaliger Thoneisensteine in den oberen Schichten ist ganz analog mit denen in den mannigfachen Basalttuffen, ja selbst in den Zwischenräumen vieler Basalte.

Ohne Zweifel war aber bei dieser Revolution auch das Wasser ein thätiges Agens, indem es die mancherlei Trümer an ihrer jetzigen Lagerstätte zusammenhäufte und durch thonig-kalkiges Cement, — ebenfalls aus Zermalmung und Zerreibung der zertrümmerten Massen entstanden — verband. Manche Stoffe scheinen der Mitwirkung des Wassers ganz allein ihre Gegenwart zu verdanken, z. B. die verkieselten Holzstücke, Auch später dürfte wohl die Einwirkung des Wassers nicht aufgehört, sondern vielmehr zu manchen neuen Produkten Gelegenheit gegeben haben. So ist z. B. der Gyps gewiss aus der chemischen Wechselwirkung des Kalksteins und Schwefelkieses hervorgegangen.

Welches das eigentliche Muttergestein des Pyrops war, und von welchem Alter die zertrümmerten und emporgehobenen Gebirgsformationen seyen? das sind zwei sehr wichtige, aber leider nur vermuthungsweise zu beantwortende Fragen. Ein basaltisches Gestein scheint die Pyrope kaum enthalten zu haben, wenigstens nicht in Meronitz, da sich in dem ganzen Gebilde kein einziges Basaltfragment vorfindet, was doch gewiss Statt haben würde, wenn eine so bedeutende Masse davon zertrümmert worden wäre. Sind doch bis jetzt keine Basalte bekannt, welche statt der unzähligen Stoffe, die sie hier und da aufnehmen, Pyrope einschliessen. Dieselben scheinen vielmehr im Serpentin oder doch in einem serpentinartigen Gestein gelegen zu haben. Man hat zwar den Einwurf gemacht, dass sich in der ganzen Umgegend keine Spur von Serpentin zeige. Musste denn aber derselbe an der Oberfläche erscheinen? Kann nicht das ganze Lager zertrümmert worden seyn? Ueberdies wird es dann erklärbar, wie durch Zerstörung eines Serpentinlagers eine so bedeutende Menge von Magnesiaoxyd frei werden konnte, um eine grosse Kalksteinmasse in Dolomit umzuwandeln und so häufige Ausscheidungen von Talkglimmer zu bilden. Abgesehen von den deutlichen und nur etwas veränderten Serpentinstücken mit Pyrop, sind selbst die im Conglomerat liegenden Mergel, welche eine stäte Uebergangsreihe bis in den Halbopal machen, vielleicht durch den Verlust der Talkerde umgewandelte

Reste des zerstörten Serpentins, oder doch ein aus dessen Elementen später hervorgegangenes neues Gebilde. Noch wahrscheinlicher wird diese Voraussetzung, wenn man erwägt dass Serpentin die einzige Felsart ist, in der man bisher wahren Pyrop eingewachsen entdeckt hat. Der unseren Serpentingesteinen gemachte Vorwurf, dass sie nämlich nur sehr zerbrochene, zersplitterte Pyrope umschliessen und deshalb nicht ihr wahres Muttergestein seyn könnten, ist wenigstens für Meronitz nicht gegründet, da man in ihnen häufig die schönsten Pyrope findet. Die einzelnen Pyropsplitter die von dem Kalkmergel umschlossen werden, scheinen wohl erst in die durch die Zertrümmerung etwas erweichte Masse hineingepresst worden, nicht aber ursprünglich darin gewesen zu seyn.

Was die zugleich vorkommenden Hyacinthen, Turmaline, Saphire u. s. w. anbelangt, so dürften sie wohl einer anderen gneus- oder granitartigen Felsart angehören, worauf schon die so zahlreichen Trümer dieser Gesteine hindeuten, um so mehr da Granatdodekaeder in Gneus und Glimmerschiefer, so wie Cyanit und Granat in Weissstein noch eingeschlossen sich wirklich vorfinden.

Welcher Formation die losgerissenen und emporgehobenen Kalksteinpartien, die einen constituirenden Theil unseres Granatenlagers bilden, beizuzählen seyen, ist wohl schwer zu entscheiden, da ihnen alle Versteinerungen abgehen. Sollten sie nicht zur Formation der groben Kreide gehören, wie auch Graf Sternberg vermuthet, um so mehr, da diese grösstentheils die Abdachnug des südlichen und westlichen Mittelgebirges bildet und ganz in der Nähe — bei Liebshausen — zu Tage ansteht? Oder sollte es eine jüngere Kalkformation seyn, die ihre Stelle über der Kreide und dem Grünsand einnimmt? Die in dem thonigen Conglomerat liegenden Petrefakten bestehen meistens aus Arten von Trochus, Ampullaria,

Scalaria, Cerithium, Nucula, Pectunculus nebst Echinitenstacheln und lassen daher eine Vergleichung sowohl mit dem Pläner als mit jüngeren Kalkgebilden zu. Von der genaueren Bestimmung dieser sparsamen, meist sehr kleinen und sehr undeutlichen organischen Reste, welche übrigens mit den weit netteren Trziblitzer Versteinerungen ganz übereinstimmen, hängt die Lösung dieser Frage ab. Nach den am Schlusse beigefügten Bestimmungen einiger dieser Versteinerungen durch L. von Buch, ist kein Zweifel mehr, dass sie der Formation der Kreide angehören und mit denen des Pläner übereinstimmen.

Ganz verschieden von dem nun beschriebenen Vorkommen ist die Lagerstätte des Pyrops bei Trziblitz und Podsedlitz. Sie nimmt ein weit ausgebreiteteres Terrain ein und mag wohl einige Stunden im Umkreise haben. Nach Norden erstreckt sie sich zwischen den Basaltbergen des Mittelgebirges über Schöppenthal bis nach Staray und Chrastian hinaus; ihre östlichen Gränzen sind Trzembschitz, Podsedlitz und Dlaschkowitz; im Süden reicht sie über Trziblitz bis gegen Sembsch und Jetschan; gegen Westen fällt ihre Begränzung nicht weit von Schelkowitz. Sie liegt am südlichen Fusse des höheren Mittelgebirges zwischen den isolirten, denselben zusammensetzenden Kegeln und Rücken, wo sie stets muldenförmige Vertiefungen der Kreide ausfüllt, welche theils am Fusse der Basaltberge erscheint, theils in niedrigen Höhen selbst mitten im Granatenlande sich erhebt und dasselbe in drei gesonderte Partien theilt.

Das Pyropenlager hat in der Nähe des Mittelgebirges eine bedeutendere Mächtigkeit, als an den der Eger näheren Punkten. Es wird bloss von der Dammerde und einer Schicht gelben Lettens von verschiedener Mächtigkeit bedeckt, so dass man es in einer Tiefe von 3—5 Fuss schon erreicht. In den Granatengruben von Podsedlitz hat es eine Mächtigkeit von drei Klaftern und darüber und ruht auf grauem thonigem Mergel, wahrscheinlich dem Pläner angehörig. Es besteht aus einer regellosen Anhäufung von zusammengeworfenen Basaltgeschieben, welche durch ein thonig-lehmiges Bindemittel locker zusammengekittet sind. Sie sind abgerundet, wechseln von der Grösse einer Bohne bis zum Durchmesser einer Elle und darüber und enthalten bald Olivin, bald Glimmer, bald Pyropen, bald Amphibol, bald mehre dieser Stoffe zugleich, sind also offenbar einer verschiedenen Geburtsstätte entnommen. Nicht selten sind sie schon im Zustande bedeutender Verwitterung. Nebst den Basaltgeschiebeu finden sich in den Gruben von Staray: Geschiebe von Gneus, Pläner. eisenschüssigem Sandstein, schaligem Thoneisenstein, Quarz, Fragmente von Hornblendekrystallen. In dem Podsedlitzer Sande entdeckt man ausserdem noch grössere und kleinere Stücke von krystallinischem Kalkkarbonat; dagegen fehlen die Gneusgeschiebe fast ganz.

Beim Waschen des Sandes kommen noch zum Vorschein: Pyrop in Körnern, lichter blutroth gefärbt und bei weitem weniger zersplittert, als ie Weronitz; Hyacinth von honiggelber, hyacinthrother und brauner Farbe, theils in sehr abgerundeten Krystallen, theils in Körnern, fast stets undurchsichtig oder nur an den Kanten durchscheinend; Zirkon in farblosen oder gelblichen Körnern; Saphir in Körnern oder kleinen meist zerbrochenen Krystallen von blauer Farbe in verschiedenen Nuancen; Körner von blassrothem Spinell; kleine Geschiebe von bald farblosem, bald milchweissem, gelblichem oder graulichem Quarz; Schwerspath in kleinen weisslichen oder weingelben, vollkommen theilbaren Partikeln; Cyanit in lichtblauen, leicht theilbaren Geschieben; Partikeln von weissem fasrigem Arragon; Chrysolith von blassgrüner Farbe, körnig oder in kleinen Krystallen; selten Krystallfragmente schwarzen Turmalins; Titaneisen in zahlreichen kleinen eisenschwarzen Körnern; sammtschwarzer Pleonast in Körnern oder seltenen abgerundeten Octaedern und Combinationen dieser Gestalt mit dem Dodekaeder; Augit von schwarzgrüner und Hornblende von rabenschwarzer Farbe in kleinen sehr netten, gewöhnlich aber zerbrochenen Krystallen; dichter Brauneisenstein in kleinen schwach glänzenden sehr glatten Geschieben; Eisenkies in sphärischen Partien, oft an der Oberfläche in Eisenoxydhydrat umgewandelt; endlich mannigfaltige ein- und zweischalige Petrefakten. Sie sind alle sehr klein, häufig zerbrochen, sonst aber sehr nett, fast alle durch Brauneisenstein, selten durch Kalkspath oder Eisenkies imprägnirt. Am häufigsten sind: Terebratula gracilis, T. pectita, T. octoplicata, T. plicatilis u. a., mehre Arten von Arca, Nucula, Pectunculus, Crania striata, Ammonites, Nautilus, Belemnites mucronatus, Species von Trochus, Cerithium, Vermetus, Ampullaria, Turbinolia, Cedaritenstacheln, Encrinitenstiele.

Aus dem eben Angeführten geht deutlich hervor, dass auch die Pyropenlager von Trziblitz, Podsedlitz u. s. w. bloss aus den Trümern älterer zerstörter Formationen zusammengesetzt seyen, sich aber von dem Meronitzer darin unterscheiden, dass sie nicht, wie dort, eine secundäre Verbindung eingegangen sind und so zur Entstehung eines neuen Gebildes Gelegenheit gegeben haben. Daher bestehen sie auch aus zusammengehäuften losen Trümern, welche Festigkeit genug hatten, um der Einwirkung so mancher zerstörenden Potenz zu widerstehen. Ohne Zweifel müssen diese entweder nicht so gewaltsam oder doch nicht so anhaltend gewirkt haben, als es bei Meronitz der Fall war, da die Pyrope und selbst die Petrefakten viel besser erhalten, nicht so zersplittert und zermalmt sind. Auffallend ist es nur, dass die Körner des Pyrops keine Geschiebe, während die härteren Hyacinthen ganz abgeschliffen und abgerundet sind.

Wenn man bei Betrachtung des Meronitzer Depots schon in Verlegenheit wegen Bestimmung des Muttergesteins der Pyropen war, so muss dies hier in noch viel höherem Grade der Fall seyn, da auch die geringste Andeutung mangelt. Sollten die Pyropen ursprünglich auch im Serpentin eingeschlossen gewesen seyn, da sich dieser mit Pyrop in einzelnen losen Blöcken in der Nähe von Dlaschkowitz vorfindet? Dem Einwurfe, dass sich nirgends weder eine Spur der grossen Menge Talkerde und der anderen Bestandtheile des Serpentins, noch eine neue Bildung zeigt, zu welcher dieselben verwendet worden wären, ist nicht schwer zu begegnen. Denn offenbar fällt die Zerstörung des Muttergesteins der Pyropen und die Absetzung derselben auf der jetzigen Lagerstätte ganz und gar nicht in dieselbe Zeitperiode, sondern letztere gehört offenbar einem späteren Zeitpunkte an, was schon die grosse Menge der zum Theil sehr verwitterten Basaltgeschiebe beweist, welche in Meronitz gänzlich fehlen. Wie leicht konnte also das Wasser, welches die Pyropen als die härtesten Theile des zerstörten Gebildes vielleicht aus entfernteren Punkten herbeiführte, die Basalte aber von dem benachbarten Gebirge, mit dessen Felsarten sie ganz übereinstimmen, zusammengschwemmte, die leichter zerstörbaren Partikeln ganz unkenntlich gemacht, oder ins Weite hinweggeführt haben? Die eingestreuten Fragmente von Hornblende- und Augit-Krystallen, so wie die Chrysolithe sind offenbar von denselben Basalten herzuleiten, vielleicht auch das Titaneisen und der Pleonast, welche hier und da auch als Gemengtheile im Basalt erscheinen.

Dass aber nebst dem Serpentin auch andere Gebirgslager einer wahrscheinlich gleichzeitigen Zerstörung unterlegen seyen, beweisen die Gneusfragmente und die

Geschiebe von Quarz, Saphir, Spinell, Zirkon, Turmalin, Cyanit, Schwerspath u. s. w., welche vermuthlich auch im Gneus oder Glimmerschiefer eingewachsen waren. Aber selbst jüngere Glieder der Flötzformation wurden mit in den Kreis der gewaltsamen Zerstörung hineingezogen, wofür schon die Gegenwart der so mannigfaltigen Versteinerungen spricht. Der grösste Theil gehört der Kreideperiode an, wie z. B. Terebratula pectinata, octoplicata, plicatilis, Crania striata, Ostrea gregaria, ein anderer noch jüngeren Kalkgebilden; der geringste älteren Gesteinen, vielleicht dem Lias, wie Terebratula numismalis, Ammonites lineatus.

Der dritte Fundort der Pyropen liegt in der nördlichen Hälfte des Bunzlauer Kreises im Gebiete der Grünsandformation. Sie finden sich nach Moteglek's Angaben in den Feldern und im Bache bei Rowensko und in der Umgegend von Gitschin, bei Karthaus, Tieschin und Sobieras, in Begleitung von graulichweissen Quarzpyramiden, Titaneisen- und Pleonast-Körnern nebst Splittern von Chalcedon, Achat, Jaspis u. s. w. Seine ursprüngliche Lagerstätte scheint der rothe Sandstein mit seinen Porphyren zu seyn, deren Gränze ganz in der Nähe läuft und aus welchen auch die Begleiter des Pyrops herstammen. Uebrigens soll sich auch einmal der Pyrop mit noch anhängendem bräunlichrothem Sandstein gefunden haben. Genauere Nachweisungen lassen sich kaum geben, da das ganze Muttergestein des Pyrops durch was immer für eine Revolution zerstört wurde und nur die Pyropen, als die härtesten Theile, der Zertrümmerung entgingen. Das muss jedoch noch bemerkt werden, dass sich unter den Pyropkörnern, die denen von Meronitz und Tzriblitz vollkommen gleichen, einzelne Hexaeder finden, aber stets mit sehr gekrümmten Flächen und abgerundeten Kanten.

Ueber die Muscheln im Granatenlager von Trziblitz.

Von

Herrn Leop. von Buch.

Da die untersuchte Menge ein aus den Granaten zurückgebliebener, nicht besonders ausgesuchter Haufen war, so kann die Menge der Individuen in diesem Haufen ungefähr das Verhältniss angeben, in welchem die Muscheln auf ihrer Lagerstätte in Hinsicht der Menge sich finden.

Die ausgezeichnetsten und auch die häufigsten unter diesen Muscheln sind ganz bestimmend für die Formation der Kreide, und besonders finden sie sich im Pläner wieder. Dass Muscheln des Lias sich zwischen diesen gefunden haben sollten, ist sehr zu bezweifeln, um so mehr, da noch bis jetzt in ganz Böhmen auch noch nicht eine Spur der Juraformation hat aufgefunden werden können.

Die ganze Menge ist 501 Stück:

a. Terebratula gracilis, 142 Stück, daher auf 100 = 28. Schlotth. Leonh. Taschenb. VII. f. 3. Sow. s. 53b. f. 2. Buch Tereb. s. 2. f. 35. Grösstentheils Kerne in Brauneisenstein, doch auch einige sehr zierliche mit Schaale. Sie ist gar häufig im Pläner zu Strehlen bei Dresden, und ich denke, auch zu Settenz bei Teplitz. Herr G. R. Otto in Breslau hat sie auch im Quadersandstein von Kieslingswalde, Glatz, gefunden.

b. Millepora globularis. Phillips I. f. 12. Woodward Norfolk t. IV. f. 11. 87 Stück. Auf 100 = 17. Wie feine Schrootkörner. Der Punkt der Anheftung ist selten sichtbar. Die Oberfläche ist durch Zertheilung in kleine Felder rauh. Ob zu Tragos pisiforme? Goldfus s. V. f. 5. Sie findet sich auch auf Rügen in weisser Kreide. Auch bei Norwich und in Sussex liegen sie in der oberen Kreide.

c. Nucula semilunaris. 57 Stück, daher auf 100 = 11. Sie scheint nicht beschrieben zu seyn. Die Nates stehen fast in der Mitte der Breite. Die Schlosskanten sind unten halbmondförmig verbunden. Die vordere Schlosskante ist doch ein wenig kürzer, als die hintere. Diese letztere aber läuft spitz aus. Länge : Breite : Dicke = 100 : 170 : 77. Stets nur als Kern.

d. Arca. Steinkern, der keine nähere Bestimmung erlaubt. 2 Stück. Länge : Breite : Dicke = 100 : 130 : 61.

e. Pectunculus. Kleiner Steinkern.

f. Rostellaria Pachinsoni. Mantell South Downs t. 18. f. 1—10. 60 Stück, daher auf 100 = 12. Zwar sind es alles nur Fragmente, allein Mantell hat sehr viele verschiedene Formen abgebildet, in welchen diese Muscheln nach ihrer grösseren oder geringeren Zerstörung gefunden werden, in denen man ohne Mühe die Böhmischen Formen wieder auffindet. Das schnelle Anwachsen der Windungen, ihre hochgewölbte Form und die Längsstreifen auf den Windungen, lassen sie von anderen Univalven unterscheiden. Der Winkel des Kegels an der Spitze ist 32 Grad. Zwanzig Längsrippen, zwölf sehr feine Querstreifen auf den letzten Windungen.

g. Solarium 10 costatum. Unbeschrieben. 25 Stück, daher auf 100 = 5. 4 Windungen. Auch die letzte Windung ist wenig scharf gegen den Mund. Zehn Querstreifen bedecken die Fläche. Sie werden nur sehr undeutlich durch ganz feine Längsfalten gekörnt. Die obere, den Umbilicus umgebende Fläche ist auf diesen Kernen völlig glatt. Der Umbilicus selbst hat einen Durchmesser von etwas mehr als $\frac{1}{3}$ des ganzen Durchmessers der Windung; er ist daher nur klein. Doch sieht man häufig an seinem Rande die Zähne der Längsstreifen umherstehen.

h. Cerithium reticulatum. Sow. Woodward Norfolk t. I. f. 2. Zehn Windungen, wenn ganz. Mit gerader Columella und enger Oeffnung. 4 Querstreifen. 4 bis 16 Längsstreifen.

i. Cerithium carinatum. Unbeschrieben. Sechs Windungen. Die Windungen erheben sich zu einer scharfen Kante in der Mitte; fünf Querstreifen von gleicher Stärke stehen unter dieser Kante gegen die Spitze, drei mit der Kante selbst gegen die Mündung. Zwischen jedem von diesen ist noch ein ganz feiner Streifen. Sehr feine Längsstreifen. Länge : Breite = 100 : 175.

k. Mitra, mit vier starken Columellfalten; der mitra leucozona Pusch t. II. f. 6. ganz ähnlich. 18 starke Längsrippen ohne Querstreifen.

l. Ventriculites radiatus. Bronn Lethaea Th. I. S. 586. Mantell Sussex t. 13. Scyphia Goldfus. Der Trichter ist zusammengepresst.

m. Ceriopora dichotoma Goldf. t. 10. f. 9. Zwischen den grossen Poren sind viele kleinere zerstreut. Doch ist zwar Verästelung aber nicht Dichotomie an dem Stiel hervortretend.

n. Turbinolia, von Mantell und Phillips als Caryophyllia centralis aufgeführt und gezeichnet. Phil. I. f. 13. Die Lamellen sind auf den Seiten der hoch conischen Form stark hervortretend. Dreissig Lamellen stehen im Umkreise. 17 Stück, daher auf 100 = 3,4.

o. Baculites anceps. 4 Stück, elyptisch mit deutlichen Loben. Der obere Lateral L. ist sehr eng an der Mündung, erweitert sich gegen die Mitte und zertheilt sich nahe am Boden in zwei Arme. Ganz ähnliche Form hat der untere Lateral L. Der Ventral Lobus ist überaus klein; er hat nur die Hälfte der Höhe des unteren Laterals, und der Ventralsattel steigt von beiden Seiten nur zur halben Höhe des Lateralsattels.

p. Ammonit. Sehr klein, ohne Schaale. 4 Stück. Doch sind Loben sichtbar. Da nun der Dorsalsattel besonders breit ist, der Secundärlobus in diesem Sattel aber so tief als der untere Lateral, welches beides ganz auszeichnend ist, für die Familie der Armaten, so ist kaum zu zweifeln, dass diese Ammoniten nicht junge Brut seyn sollten von A. Rhotomagensis, der im Pläner wohl vorkommt; unter andern schön bei Bennewir unweit Dresden, von wo Herr Cotta in Tharandt ein Stück von einem Fuss im Durchmesser besitzt.

q. Cidaris papillata Phill. eine Assel und ein Stachel.

r. Astarte mit hoch hervorstehenden Anwachsringen, der Astarte complanata Römer t. b. f. 28. sehr ähnlich. Der Winkel der Schlosskanten ist, wie dort, nahe ein rechter.

s. Venus. Unbestimmbare Kerne sehr kleiner Bivalven, 30 Stück.

Unter den grösseren Muscheln, welche ihre Schaale erhalten haben, findet sich vorzüglich Terebratula pisum, auch die so nahe stehende Tereb. octoplicata.

Es ist daher nicht zu bezweifeln, dass alle Versteinerungen der Granatenlager ursprünglich im Pläner eingehüllt gewesen sind. Die Veränderung ihrer organischen Hülle zu Schwefelkies, der später wieder zu Brauneisenstein verändert worden, hat ihre Form vor Zerstörung beschützt.

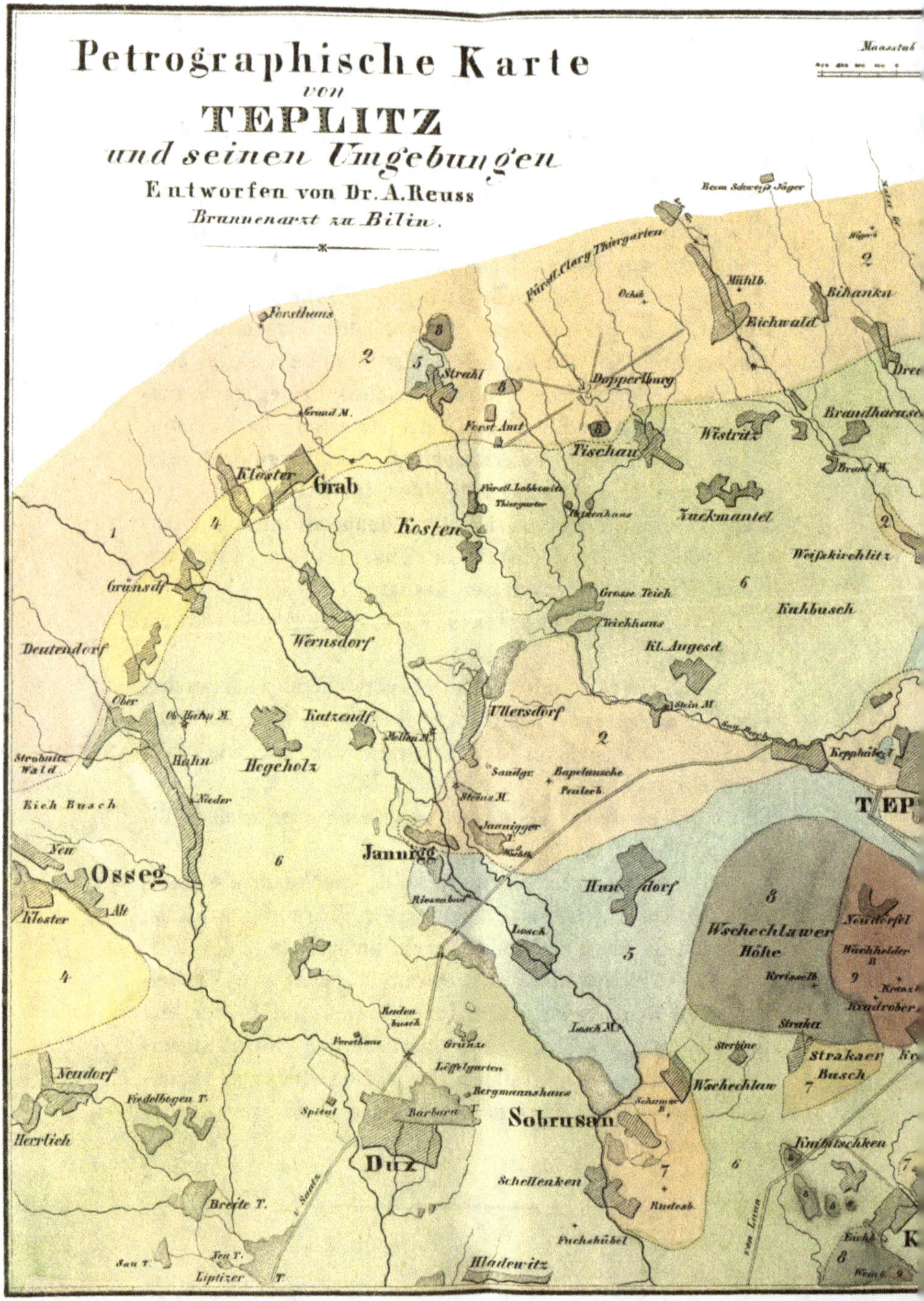
Petrographische Karte
von
TEPLITZ
und seinen Umgebungen
Entworfen von Dr. A. Reuss
Brunnenarzt zu Bilin.
Maasstab
Fürstl. Clary Thiergarten
Mühlb.
Bihanka
Eichwald
Forsthaus
Strahl
Dopperlburg
Forst Amt
Tischau
Wistritz
Brandhaeuser
Kloster
Grab
Kosten
Zuckmantel
Weisskirchlitz
Grünsdf
Grosse Teich
Teichhaus
Kahbusch
Deutendorf
Wernsdorf
Kl. Augesd
Ober
Katzendf
Ullersdorf
Hahn
Hegeholz
Strobnitz Wald
Nieder
Eich Busch
Kepphübel
Sandgr.
Janniggg
Neu
Osseg
Alt
Kloster
Hundorf
Wschechlawer Höhe
Neudorf
Losch
Wachholder B.
Kreisselb
Kradrober
Strakaer Busch
Grünze
Löffelgarten
Bergmannshaus
Fidelbogen T.
Herrlich
Spital
Barbara
Sobrusan
Wschechlaw
Knibitschken
Dux
Schellenken
Breite T.
Rudesb.
Fuchshübel
Neu T.
Liptizer
Hladewitz

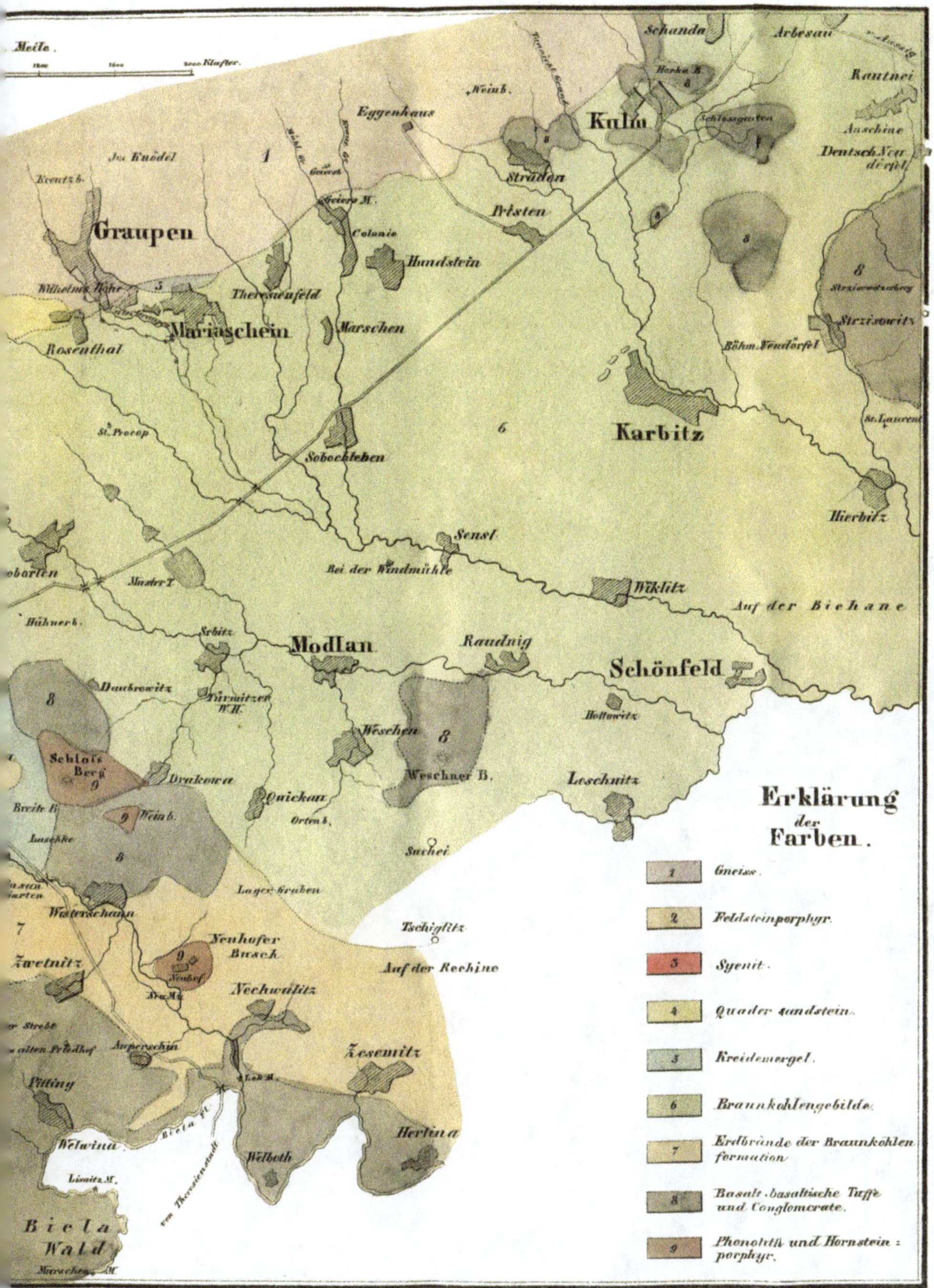
Meile.
2000 Klafter.
Schanda
Arbesau
Rautnei
Kulm
Eggenhaus
Auschine
Deutsch Neudorfel
Graupen
Strüden
Pristen
Hundstein
Theresienfeld
Mariaschein
Rosenthal
Marschen
Strzisowitz
Böhm. Neudörfel
Karbitz
St. Procop
Sobochleben
St. Laurent
Hierbitz
Sensl
Bei der Windmühle
Wiklitz
Auf der Biehane
Modlan
Raudnig
Schönfeld
Hottowitz
Dauhrowitz
Türmitzer W.H.
Schloss Berg
Weschen
Weschner B.
Drakowa
Quickau
Leschnitz
Breite B.
Weinb.
Suchei
Lager Graben
Tschiglitz
Neuhofer Busch
Auf der Rechine
Zwetnitz
Nechwalitz
Zesenitz
Pitting
Welwina
Welboth
Herlina
Biela fl.
Biela Wald
Erklärung der Farben.
1 Gneiss.
2 Feldsteinporphyr.
3 Syenit.
4 Quader sandstein.
5 Kreidemergel.
6 Braunkohlengebilde.
7 Erdbrände der Braunkohlen formation.
8 Basalt, basaltische Tuffe und Conglomerate.
9 Phonolith und Hornstein = porphyr.

Herwig, lith:

www.ingramcontent.com/pod-product-compliance
Lightning Source LLC
LaVergne TN
LVHW010642300926
849161LV00005B/1023